创造 是中国存续千秋的水墨
令人类尽享文明荣耀

QIJITIANGONG

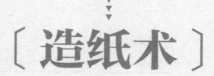

中国古代发明创造

〔造纸术〕

康玉庆 /编著

天津出版传媒集团

天津教育出版社
TIANJIN EDUCATION PRESS

图书在版编目（CIP）数据

造纸术／康玉庆编著. —天津：天津教育出版社，
2014.1（2016 年 12 重印）
　（奇迹天工：水墨图说中国古代发明创造）
　ISBN 978－7－5309－7402－5

　Ⅰ.①造… Ⅱ.①康… Ⅲ.①造纸工业—工业史—中
国—青年读物②造纸工业—工业史—中国—少年读物
Ⅳ.①TS7－092

中国版本图书馆 CIP 数据核字（2013）第 257619 号

造纸术

奇迹天工：水墨图说中国古代发明创造

出 版 人	刘志刚
作 者	康玉庆
选题策划	袁 颖　王艳超
责任编辑	王艳超　曾 萱
装帧设计	郭亚非

出版发行	天津出版传媒集团 天津教育出版社 天津市和平区西康路 35 号 邮政编码 300051 http://www.tjeph.com.cn
印 刷	永清县晔盛亚胶印有限公司
版 次	2014 年 1 月第 1 版
印 次	2016 年 12 月第 2 次印刷
规 格	16 开（787×1092）
字 数	35 千字
印 张	6
定 价	13.80 元

　　要书写文字、记录历史并使之广泛、持久地传播，需要有良好的书写材料。

　　人类的书写发展史，在经历了在石壁、陶器上刻画文字符号，在龟壳和动物胛骨上刻写甲骨文，在竹简、木牍及绢帛上书写等几个阶段后，人们对更经济、更方便、更轻巧的书写材料的迫切需求呼之欲出。于是，优点更多、生命力更强的纸，终于在文明发展到合适的时期诞生了。

　　纸一经被发明出来，便被广泛传播，其应用范围之广、受欢迎程度之高都达到了前所未有的程度。随着纸张的大量应用，人类文明的成果终于有所依托，人类文明开始在有效地继承前人智慧的基础上持续飞速地发展。

　　纸，在人类社会的发展进步中起到了不可替代的促进作用。其重要性，在我们今天看来，怎样大书特书都不为过。

目
CONTENTS
录

纸的发明历程

　　为了弄清纸的发明历史，有必要了解古人是怎样书写、绘画的，让我们先从古文字的发现说起吧。考古发现是我们认识、分析历史的直接证据，而考古研究中曾经发生过许多可遇而又不可求的偶然事件，事件的发生大大推动了历史研究的进程，甲骨文的发现就属于这种神奇而又令人震惊的大事件。

"龙骨"惊现，打开与古人对话的窗口

1899年的一天，天色阴暗。北京城内的一处深宅大院里，笼罩着异常紧张的气氛。这家人上上下下全都小心翼翼，不敢说笑。原来，是这家的主人得了病。家人赶紧到药店去买药。药很快就买回来了，开始煎药前，学问颇深、对中医素有研究的主人打开药包，信手翻检审视。突然，他发现一味叫"龙骨"的中药上面，有一些他从未见过的奇特的刻痕。这引起了他的注意，一时间他忘记了病痛，更仔细地查看起来。想不到，这一番查看，竟引发了一个中国上古史和中国古文字学研究的惊人发现。

这位主人并非常人，他叫王懿荣

（1845～1900），是当时国家教育机构的最高长官——清朝廷的国子监祭酒，其学识不同凡响。他隐约意识到自己的发现具有某种重要意义，赶紧叫人到药店高价买回其他带有刻痕的"龙骨"，他对龙骨进行了仔细的研究和分析，得出了令人信服的结论，原来这些并非是什么"龙骨"，而是几千年前的龟甲和兽骨。王懿荣从甲骨上的刻痕中逐渐辨识出"雨""日""月""山""水"等汉字，又辨识出中国商代几位国王的名字。由此可以断定，这就是刻画在甲骨、兽骨上的古代文字！

　　这一发现令人震惊！刻有古代文字的甲骨在社会各界引起了巨大轰动，文人学士和古董商人竞相高价搜求。此后，随着甲骨的大量发现，有价值的研究也纷纷公之于众。

· 距今三千多年的甲骨文

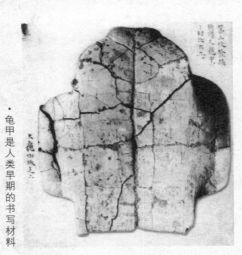

· 龟甲是人类早期的书写材料

　　这些古代甲骨上的刻痕被确认为商代文字，定名为甲骨文。甲骨文的发现意义深远，被公认为是19世纪末、20世纪初中国考古的三大发现之一（另两大发现是敦煌石窟和周口店猿人遗迹，它们都有着许多未解之谜，是中国考古界意义非凡的重大发现）。

甲骨文的发现和鉴定，证明了商代的历史，把中国有确切文字记载的文明史提前了一千多年，同时也使得人们对古代历史的认识水平大幅度地提高。甲骨文以四千多个字的规模向人们表明，这是一个非常成熟的文字系统，是目前被专家学者公认的汉字之源。世界上最古老的三大文字体系分别是：两河流域的楔形文字、中国的甲骨文和埃及的象形文字。

其他两种古文字早已消失在历史的长河中不再应用，只有甲骨文经过不断的发展沿用至今，仍然保持着强大的生命力。如今，不仅中国人在使用汉字，汉字还对日本、韩国、朝鲜、新加坡等国的文化传统产生了根本性的影响。

　　受当时文明程度所限，古时每当人们在决定大事之前，往往要通过占卜来确定应该采取何种行动。许多学者、专家经过考证研究发现，所谓"龙骨"，其实是商代人占卜用的工具。人们在占卜之前，先把龟甲或牛的肩胛骨锯削整齐，然后在甲骨的背面钻刻出一些窝槽。占卜时，先把要问的事情向鬼神祷告述说清楚，接着用燃烧着的树枝，对窝槽进行烧灼，烧灼到一定程度，在甲骨的相应部位便显示出裂纹来。于是，占卜者根据裂纹的长短、粗细、曲直等形状来判断事情的吉凶。占卜后，人们用刀子把占卜的内容和结果刻在卜兆旁边，这就是卜辞。刻有卜辞的甲骨被当作档案资料，妥善收藏在窖穴中，流传后世。发现甲骨文的故事，后来被人们称为"一片甲骨惊天下"的奇迹，在中国和世界考古史书写下了带有传奇性色彩的篇章。

　　甲骨文是汉字成熟的标志，与前面提到的楔形文字、象形文字一样属于表意文字，也是目前世界上唯一使用的一种表意文字前身。甲骨文中有三分之一已得到了解读。比如，有个甲骨文字，看似一个人躺在床上冒汗一般，任何人仔细观察之下都能辨别出那是"病"字，而学者认为这就是今天的"疾"字，还有的专家从甲骨文中找到了关于头、眼、耳、舌、腹、足等疾病的记载。甲骨文卜辞中有"龟至，有大雨"的记载，意思是说，龟出来活动时就会下大雨，这也说明了商代人们已经善于通过观察天气变化与动物行为之间的联系来预报天气，这应该就是最早的天气预报了。

岩画：来自远古的呼唤

2007 年，考古专家宣布了一个让人惊喜的消息：中国西北大麦地岩画中的图画文字，可能是比甲骨文年代更为久远的原始文字。

大麦地岩画发现于宁夏回族自治区的中卫市，这里有中国唯一的世界级"岩画区"，面积约有四百五十平方千米，遗存有史前岩画一万多幅。

岩画专家发现，这些岩画早期的距今七千年到八千年左右，中晚期的距今一千年到四千年，最早的岩画创作于旧石器时代至新石器时代之间，目前已发现两千多个图画文字。让人感到欣慰的是，在大致同时期的陶文符号和后来的甲骨

文中，都能找到与这些象形与抽象的符号相近的形象。更为关键的是，这种象形符号在大麦地岩画中不是偶然出现或孤立存在的。专家发现，在不同山梁的不同地点，有许多岩画符号的形状、大小以及表达的意思都是一致的，这反映出这些符号有较为系统的发展脉络。

一直延续发展并应用到今天的甲骨文，成形于公元前17至11世纪，距今约三千六百多年。很久以来，人们一直没有找到甲骨文以前的文字，而大麦地岩画出现的时间正好在甲骨文之前。专家认为，大麦地岩画不一定是汉文字与甲骨文的前身，但可作为甲骨文发展的图画阶段的参考形式。这一说法如果成立，意味着人类文字的历史将提前到距今七八千年左右。

在距今七八千年前，人们已经在岩石上书写、绘画。这是何等的气魄！不过，岩画几乎不可移动，这在很大程度上限制了文化的广泛传播。

当然，也正因为不可移动，这些历史遗迹才被保存到今天，我们才有幸得见古人的杰作。在那些寂静、孤独的时刻或是收获捕猎成果的欢快日子里，人类的智者把自己的喜怒哀乐尽情描摹在大自然的画板上。也许，那个时代的人们只是有感而发，根本没有想到这是对人类思想火花的记录与传播，其对人类社会进步、文明发展所产生的深远影响不可估量。

铁蹄下，文物保护在行动

除了岩画、甲骨文，古代人也在青铜器上铸字。史上最大的青铜器是中国商代的后母戊鼎。说起这个宝鼎，有一段令人感动的故事不得不讲，那是一段普通中国农民与日本侵略者斗智斗勇、可歌可泣的记忆，它将永远激励着中华儿女不畏强暴、奋勇向前。

　　1939 年春，黑云压城，中华大地正深陷苦难。日本侵略军闯入华北，烧杀抢掠，无恶不作。家住河南省安阳市北郊武官村的吴培文，正想重修被迫铲平的祖坟，当他用洛阳铲勘探时，探头出乎意料地掉了。富有经验的吴培文知道，这说明地下肯定有宝贝！当时，安阳已在日本鬼子的铁蹄之下。这事儿要让日本鬼子发现可不行！绝不能莽撞行事。为防不测，村民们开始极为秘密地挖掘。四十多人经过三个晚上的努力，一个铜锈斑斑的大鼎被挖了出来。这可是前所未见的宝贝！村民们盟誓，为保护好大鼎，誓死不将消息透露给日本人。

· 年轻时的吴培文先生

　　不久，北平（今北京）的古董商人萧寅卿得到消息前来秘访，他愿出二十万银元购买大鼎。为躲过日本鬼子的搜查，他计划将大鼎分割成若干块儿，分批装箱运走。二十万可是个天文数字！诱惑力着实不小。但村民们觉得，把大鼎分割破坏了实在可惜，于是拒绝售卖，将大鼎重新埋入地下保存了起来。

　　可万万没有想到，由于汉奸告密，日本人还是得到了消息。鬼子多次派兵进村搜寻。第一次，一百多人的日军气势汹汹，把吴家大院翻了个底儿朝天，却无功而返。躲在邻居家的吴培文脱身后将大鼎转移至马棚的地下。第二次，来了整整三辆大卡车的鬼子，将村子团团包围，结果仍旧空手而

·吴培文先生与大鼎合影

归。吴培文侥幸逃脱后，和乡邻们商定，将宝鼎埋入敌人搜寻时所挖的大坑。与此同时，买了个品级较低的三腿鼎藏在床下，以迷惑敌人。鬼子第三次进村，乐不可支地拖走了那只"山寨版"铜鼎。但随后他们就发现被骗了，恼羞成怒。鬼子扬言不搜捕到吴培文，绝不罢休。无奈之下，吴培文背井离乡，逃亡在外，这一走就是将近十年。

抗战胜利后的1946年，后母戊鼎被重新挖出，存放在安阳县政府内。1949年，国民党曾企图将大鼎运往台湾，因大鼎过于笨重未及得手，宝鼎终于留在了故土。新中国成立后，吴培文和村民冒死保护国宝的功绩受到党和政府的充分肯定。吴培文觉得，没让大鼎落入日本鬼子的手中，是他一生中做得最有价值的一件事。

链接

后母戊鼎详解

后母戊鼎历来被称为"国之重器"，是世界上最大、最重的青铜器，体现了中国殷商时期高水平的青铜器铸造技术，在中国文明史和世界青铜史上占有重要地位。这只大鼎的名字来源于其腹内长壁上的三个铭文"后母戊"，它是商王为祭祀其母所铸的重器。后母戊鼎周身有非常多的神秘纹饰，美观庄重，工艺精巧。鼎身四周铸有精巧的盘龙纹和饕餮纹，突出了大鼎威武凝重的气质。饕餮是传说中好吃的神兽，青铜器上铸造饕餮纹，意为吉祥、富足。

·后母戊鼎

在中国古代，鼎既是饮食的器具，也是国家政权的象征。那时的鼎大多为三足圆形，也有四足的方鼎，后母戊鼎便是最负盛名的四足大方鼎。金文指铸刻在青铜器上的铭文，也叫"钟鼎文"。青铜器有礼器和乐器之分，礼器以鼎为代表，乐器以钟为代表，"钟鼎"是青铜器的代名词。周朝以前把铜称作金，所以铜器上的铭文就叫"金文"；又

·鼎内铸字「后母戊」

因为这类铜器以钟鼎上的字数最多，所以又叫"钟鼎文"。金文开始应用于商代的早期，直至秦统一中国时，大约经历了一千二百多年。

金属器具保存长久，利于流传后世。可一般人是铸造不起"国之重器"的，普通人也不被允许随便铸造、使用。铸造青铜器费时费力，相当不容易，往往耗费举国之力。想使文字记载的信息广泛流传，还得依靠其他更容易普及的书写材料才行。

探索：在竹片或木片上写字

中国甘肃省北部的额济纳河流域，古称"居延"。汉武帝曾派军队在这里开垦、驻守，修筑了大量军事设施。新中国成立前，这里曾出土过一万多根汉简。20 世纪 70 年代，考

古工作者又发现了大约两万根汉简，这可是考古发掘史上的
"大丰收"啊，也是中国发现古代简牍数量最多的一次。这两
万多根汉简，绝大多数为木质，也有极少数是竹简。考古工
作者整理出七十多个簿册，它们成了研究汉代历史的重要资
料。竹简的发现，让我们了解到中国古代文字记载历史中一
个非常重要的阶段。

考古工作者发现，战国至魏晋时代的书写材料大量使用
削制而成的狭长竹片或木片，竹片称为"简"，木片称为
"札"或"牍"，统称为"简"，通常称为"竹简"。古人用
毛笔在上面书写。

竹片、木片造价低，易得到；在竹片或木片上写字，要
比在甲骨上刻字容易得多，而且削制好的竹片、木片大小一
致，非常整齐，便于编连在一起。人们把很多竹片或木片编
连在一起就成了书，古代的很多正式书籍就是用竹片或木片
编成的。成语"断简残编"，就是指残缺不全的书籍。

竹简不仅在中国古代文化史、书籍史上占有重要地位，
而且对印刷术也有重要的影响，早期的雕版印刷就广泛使用
了简牍的形式。竹简作为书写材料，比起甲骨、青铜器来是
一个重大的变革。它们的使用在中国文明发展史上曾经起过
很大的作用，汉朝以前的很多重要典籍就是靠简牍才得以流
传下来的。但是，用竹简和木牍写字、成书，仍旧有个很大
的缺点，那就是，每支竹简只能写下很少的字，要写一部书，
往往要用数百甚至数千根竹简，编成书后相当笨重，翻阅起
来格外费力，携带极为不便。无奈之下，人们开始寻找更好

的书写材料。

成语"学富五车"

"五车"出自《庄子·天下》篇："惠施有方，其书五车，其道舛驳，其言也不中。"说的是战国人惠施方术甚多，却杂乱不纯，而且言

而不当。所谓"其书五车"是指他的藏书丰富，可装五车。古时的书都是用竹简串编起来制成的。当时的五车书虽无法与现在的五车书相比，但惠施也的确算得上是"饱学之士"了。后人用这个成语来形容一个人读书多，学识丰富。

秦始皇办公

传说，秦始皇统一中国以后，许多事情都要亲自处理。当时的公文都写在竹简和木牍上，他每天看的公文竟有几百千克重。可见，秦始皇够尽职，也够辛苦的！

东方朔上奏

西汉的时候，有个文学家叫东方朔。有一次，他为了给汉武帝提建议，写了一篇奏章竟用去了三千根竹简，要由两个人吃力地抬进宫去。

"杀青"的来历

古人著书写在竹简上，为了便于书写和防止虫蛀，要先

把青竹简用火烤干，杀去水分，这个过程叫"杀青"，后来被人们泛指写作定稿。现在，影视圈的人在影视作品拍摄完成时，也说"杀青"。

可修改的竹简

很多人受甲骨文刻字的影响，误以为竹简上的字也是刻上去的。其实，竹简上的字是用毛笔写上去的，只是那时候还没有橡皮、涂改液之类的修改工具，人们就用小刀随时削掉错字。

简牍的名称

用来写字的竹片叫作"简"，把许多简编在一起叫作"策"或"册"，编简成册所用的绳带称为"编"，用来书写的木片叫"牍"，一尺见方的牍叫"方"，常用于通信。后人把信称为"尺牍"，把文稿称为"文牍"。

孔子读经

《史记》中说，孔子晚年很爱读《易经》，经常翻读，以至编简的绳带曾断过三次。绳带一断，会造成错简、乱简，整理起来相当费事。可见，竹简并不是理想的书写材料。于是，

寻求更加廉价、方便、可靠、易得的新型书写材料，成了发展的迫切需要。

升级：在丝织品上书写

　　大约在春秋战国的时候，人们在使用竹简、木牍的同时，又发明了另外一种办法——用丝织品来写字、画图。中国是世界上最早饲养家蚕和织造丝绸的国家。据古书记载，在殷商时代，中国的蚕丝业就已经相当发达了。在甲骨文中已经出现"丝""帛"和"桑"等字，还有关于祭祀蚕神的记载。当时，人们不但用丝绸做衣服，甚至包裹东西也用绢帛。考古工作者曾经发现一些黏附在殷代青铜器上面的丝绸残片，

　　有的上面织有菱形的花纹，有的上面还有刺绣的图案，相当精致，这说明那时的丝绸应用已相当广泛。

　　随着社会经济的发展，丝织品的生产也更加普遍。大约在西周的时候，人们就开始用帛写字。到了春秋战国的时候，用绢帛写字的人越来越多了。在古人写的书里，"竹""帛"两个字出现得相当频繁。战国初年的思想家墨子曾在他的书里不止一次地说到"著于竹帛"，就是"写在竹简和绢帛上"的意思。这说明绢帛和竹简、木牍一样，都是当时普遍应用的书写材料。

　　那时候，人们不但用绢帛写字，还用绢帛画图。从1971年底开始，考古工作者发掘了湖南长沙马王堆的三座汉墓，除了发现一具两千多年没有腐烂的女尸外，还获得了大量珍贵的文物。尤其重要的是发现了彩绘帛画、地图以及一大批帛书，同时出土的还有六百多根竹简。这说明当时竹简和绢帛是并行使用的。

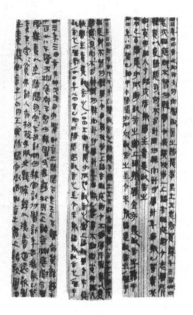

又轻又薄的帛便于携带，书写效果也很好。可是，帛的生产毕竟不容易，价钱太贵，一般的读书人是用不起的。所以在古代，帛书不及竹简和木牍那样普遍。竹简、木牍笨重，帛又太昂贵，这些材料，仍然有不可克服的缺点，于是人们继续寻找更加价廉物美的书写材料……

"卷"的来历

在帛上书写、作画，如同今天在素绢上写字、作画一样，帛的尺幅大小可按书写的需要剪裁，一般是每幅为一段，卷成一束，叫作一"卷"。卷，沿用至今，成为书籍的计数单位。

成语"鱼传尺素"

尺素，指古代用于书写的绢帛，通常长一尺。古时用绢帛写信，而用鲤鱼形状的函套封装书信。于是，就有了"鱼传尺素"这个成语，就是传递书信的意思。

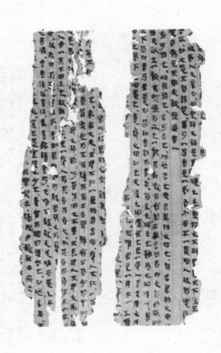

千呼万唤始出来：纸的发明

在探究纸的发明以前，先让我们完成一次时空穿越，到汉朝宫廷走一遭，了解一下关于在宫廷斗争中使用"赫蹄"的小故事。

西汉末年，赵飞燕姐妹二人都被召入宫，得到了汉成帝的宠幸，一个当了皇后，一个当了昭仪。宫中有个女官叫曹伟能，生下一个皇子。赵昭仪知道后，妒忌得不行，命人把孩子扔掉并把曹伟能监禁起来。这天，有人给曹伟能送来一个绿色的小匣子，里面是用"赫蹄"包着的两颗毒药，"赫蹄"上写着让曹伟能服下毒药的话。就这样，可怜的曹伟能被逼服毒自尽了。这里我们不追究宫廷争斗的原委，而是来看一看与纸有关的细节吧——包裹毒药的"赫蹄"究竟是什么东西呢？

原来，这是一种用丝绵做成的薄纸。

在西汉时代，人们已经能用蚕丝制作丝绵了。在蚕丝的生产过程中，优质的蚕茧被用来抽丝，纺织丝绸；而质量差的蚕茧则被用来制造丝绵。制丝绵的方法是把蚕茧煮过以后，放在竹席子上，再把竹席子浸在河水里，将丝绵冲洗打烂。丝绵做成后，从席子上揭下来。此时，席子上还常常残留着一层丝绵。等席子晒干后，这层丝绵就变成一张薄薄的丝绵片，剥下来后就可以在上面写字了。这层薄薄的丝绵片，就是大名鼎鼎的"赫蹄"，也就是丝绵纸。

东汉著名的学者许慎写成了中国第一部字典——《说文解字》，这部字典里收有"纸"字。他所解释的"纸"字的意思，就跟在水中打制丝绵有关。因为最早的纸是用蚕丝做成的，和做丝绵又有密切的关系，所以"纸"字就用"糸"做偏旁。

用丝绵纸写字，既光滑又轻便，很受大家欢迎。不过，

它以蚕丝为原料，蚕丝非常珍贵，注定不可能用来大量生产纸张。但是，这一制造方法却给人们极大的启发。既然可以利用蚕丝纤维来造纸，那么，可不可以利用富有纤维的植物来造纸呢？人们在长期的生产实践中，终于逐步摸索出造纸的方法。

说到造纸术的发明，不得不提到一个重要人物——蔡伦。这可是人类历史上一位响当当的人物，就是因为他的贡献，中国被全世界公认为造纸术的发明国。

蔡伦生活在东汉和帝时代，桂阳人（现在湖南莱阳一带）。蔡伦从小就到皇宫里去当太监，从较低的职务干起，踏实肯干，努力做事。后来，他得到汉和帝的信任，被提升为中常侍，从此，他可以参与决策军国大事了。他还做过管理宫廷用品的官——尚方令，负责监督工匠为皇室制造各种器械，因而他就和工匠们有了更多的接触机会。

如前所述，那时，人们大都在竹简、绢帛上写字、画画，蔡伦看到大家写字很不方便，竹简、绢帛都有不足，就开始研究改进造纸的方法。

　　蔡伦总结了前人造纸的经验，带领工匠们用树皮、麻头、破布和破渔网等原料来造纸。他们先把这些原料剪碎，放在水里浸泡很长时间，甚至经过蒸煮，再捣烂成浆状物，然后在席子上摊成薄片，放在太阳底下晒干。这样，经过处理的废旧原料就变成了纸。

　　用这种方法造出来的纸，又轻又薄，很适合写字，受到了人们的热烈欢迎。公元 105 年，蔡伦把他制成的纸献给汉和帝，汉和帝非常高兴，给了蔡伦很高的评价并下令让其推广这项技术。从此，全国各地都开始用这样的方法造纸，纸张也在全国甚至世界各地得到了广泛应用。

　　据《后汉书·蔡伦传》记载："自古书契多编以竹简，其用缣帛者谓之为纸。缣贵而简重，并不便于人。蔡伦乃造意，用树肤、麻头及敝布、渔网以为纸。元兴六年（公元 105 年）奏上之，帝善其能，自是莫不从用焉，故天下咸称'蔡侯纸'。"公元 114 年，蔡伦有幸被封为龙亭侯。自然，人们便把由他主持制造的纸成为"蔡侯纸"。后世也以这段记载为根据，把蔡伦视为造纸的鼻祖。

　　蔡伦以后，又有人不断把造纸的方法加以改进。蔡伦死后大

约八十年（东汉末年），又出现一位造纸能手，名叫左伯。他造出来的纸厚薄均匀，质地更细，质量更佳，深受人们的喜爱。当时，人们称这种纸为"左伯纸"。可惜，左伯纸的原料和制造方法没有被记载流传下来。

造纸技术是中国劳动人民在长期的生产生活实践中，经过不断的探索总结创造出来的。蔡伦造纸是现存史籍中关于造纸的最早记载，但蔡伦的造纸技术也一定是参考了前人的经验，并在前人的技术基础之上进行了大胆改进，才取得了决定性的突破。中国因拥有这样一位杰出的发明家、实干家而成为纸张的发明国，赢得了世界各国人民的尊重。

造纸术真的是蔡伦发明的吗？

造纸术是中国古代的四大发明之一，也是中国四大发明中史料记载最为翔实的一项发明创造。然而，造纸术的发明者究竟是谁？是蔡伦，还是另有其人？对此，学术界一直争论不休。尤其是当陕甘地区陆续出土了一些类似纸的文物被证实早于蔡伦造纸的年代后，造纸术的发明者更是扑朔迷离起来。

针对否定蔡伦是造纸术发明人，否定中国是造纸术发明国的企图，1990年8月18日至22日在比利时马尔梅迪举行的国际造纸历史协会第20届代表大会予以严肃驳斥，大会一致认定，蔡伦是造纸术的伟大发明家，中国是造纸术的发明国。

重见天日的古代纸张

1957 年 5 月，在陕西省西安市郊灞桥的工地上，惊现一座古代墓葬。墓中包裹着麻布的铜镜下面，放有一些米黄色的古纸，非常引人注目。这些古纸，最大的有十厘米见方，还一些较小的纸片。

考古工作者断定，这座古墓的年代不会晚于西汉武帝时期，离现在已经有二千一百多年了。这些在灞桥被发掘出来的古纸，被称为"灞桥纸"。

灞桥纸主要由大麻纤维制造而成，混有少量的苎麻。古代的劳动人民穿不起丝绸、丝绵，只能穿麻制品。制造麻缕，跟制造丝绵的方法一样，也是在水中进行的。把麻长时间地浸在水中，总会有些细碎的麻筋撑落下来。竹席子上残留的丝绵可以做成丝绵纸，同样，用细碎的麻筋也可以制造出植物纤维纸。灞桥纸就是世界上现存最早的植物纤维纸。

1933年，在中国新疆的罗布淖尔也发掘到一张西汉古纸，它比灞桥纸的年代晚一点儿，也是用麻类纤维制造而成的。

1974年，在甘肃武威的东汉墓中，发掘出一批东汉时期的纸，它们比起西汉时期的纸有着明显的进步，纸上有字迹——有书信、诗抄，也有日常文书。可见，那时的纸已经比较普遍地被人们用作书写材料了。这一时期，纸已从中原传播到了新疆、甘肃、内蒙古等地区。纸也不仅限于上层人士使用，而是连民间也比较广泛地使用起来了。这些发现令我们相信，东汉时期的造纸技术已经比较成熟了。

从出土的纸的品质以及当时的经济、生产等条件分析，中国虽然在西汉时代就有了植物纤维纸，但是，那时候麻缕也跟丝绵一样，是用来做衣服的，不可能大量用在造纸上。同时，麻质纸又厚又糙，并不太适宜写字，还需要进一步改进和提高，才能代替竹简、木牍和

绢帛。

很显然，对造纸术的进一步研究及改进是当时社会历史发展的必然走势，蔡伦对造纸术的改进、发明，正顺应了这种社会需求，满足了人们的书写欲望。不仅如此，蔡伦发明造纸术后，能够及时将纸献给皇上并征得皇上的支持，将这一技术顺利而迅速地在全国推广应用，促进了当时及以后社会的发展和进步，这正是蔡伦异于常人的伟大之处。被世界公认为造纸术的发明人，为世人所敬仰，蔡伦当之无愧。

造纸技术的原理与发展

中国古代的造纸技术

中国人是世界上最早懂得养蚕缫丝、生产丝绸的民族。秦汉之际，好的蚕茧用来生产丝绸，质量差的蚕茧就用来制作丝绵。生产丝绵时，用漂絮法处理蚕茧，就是通过反复捶打，捣碎蚕衣，最终使蚕丝粘在一起，成为丝绵。在造纸生产中，这一技术也得到应用，发展成为打浆技术。此外，古代的中国人已经懂得用石灰水或草木灰水为蚕丝、麻脱胶，这也启发人们在造纸中用同样的方法为植物纤维脱胶。纸张的生产技术就在这些技术基础之上发展起来。

中国古代造纸的主要工序是这样的：

一是分离。通过水煮或在水中沤的方法，将原料纤维中所含有的胶质进行分离、脱除。

二是捶捣。通过捶打、漂洗等机械的、物理的、化学的方法，使原料纤维完全散落在水中，形成絮状物。

三是交织。通过专用工具及有效的方法，让絮状纤维自然交织、结合，形成完整的薄片。

四是干燥。通过晾晒或烘干的方法，将完整的薄片中的水分去除，使组成纤维结构紧密、耐用，以利于书写。

《汉代造纸工艺流程图》形象地再现了两汉时期的造纸术。人们将麻头、树皮、旧渔网等原料经过水浸、切碎、洗涤、蒸煮、漂洗、舂捣、加水配成悬浮的浆液、捞取纸浆、干燥这些步骤后就生产出了纸。

技术发展：琳琅满目遍天下

公元2世纪，自从造纸术在中国各地推广以来，纸就成了绢帛、简、牍的有力竞争者。仅仅过了一百多年，纸就基本取代了简、帛，成为唯一的书写材料，有力地促进了科学文化的传播和发展。

到了两晋、南北朝的时候，造纸的原料已经不仅限于树皮、麻头、破布和破渔网等物料，逐渐扩展到桑皮、藤皮和竹子。造纸设备也得到长足的发展，人们在继承西汉造纸技术的同时，又发明出活动帘床，可以捞出成千上万张湿纸进行晾晒，反复使用，大大提高了工作效率。在加工环节，人们加强了碱液蒸煮和舂捣工序。纸的质量大大提高，出现了色纸、涂布纸、填料纸等

品种。

西晋的文学家张华在其所著的《博物志》中提到剡溪（今浙江嵊县地区）出产古藤，可用以造纸，所以人们把这种纸称为"剡藤"。

隋朝时有一部书叫《北堂书钞》，里面引用东晋范宁的一句话说，土纸不可作文书，文书都是藤角纸。那么，范宁说的"土纸"又是什么原料制造的呢？有人认为这种"土纸"就是用麦秸、稻茎等粗纤维制造而成的草纸。

宋朝的赵希鹄写了一部《洞天清录集》，书中说晋朝大书法家王羲之和他的儿子王献之，有不少字是写在会稽出产的竖纹竹纸上的。

在南北朝时期，北方人还用楮树皮造纸。当时，杰出的农业科学家贾思勰写了一部著名的农业科学著作《齐民要术》。这部书记录了北方农民种植楮树，剥煮树皮，虽然很辛苦，但

是获利很大的情况。相关内容告诉我们，当时北方农民种楮树的目的就是为了造纸，而且剥煮树皮是造纸的一道重要工序。

由于原料范围的扩大，纸的种类也越来越多，纸的质量也越来越好，生产的数量也大大增加了。

自东晋以来，原来经济落后的江南地区，经过劳动人民的长期努力，经济也已经上升到黄河流域的水平。隋朝结束了南北朝的长期分裂局面。到了唐朝，农业、手工业和商业都有了很大的发展，经济繁荣，文化灿烂。这样就有一个必然的趋势——造出更多更好的纸张，满足各方面的需要。

唐代造纸业相当发达，出现了不少大规模的造纸作坊。纸张的品种也更多，所用的原料主要是麻、藤及楮等。同时，这一时期还开始用海草、檀树皮等原料造纸。

大家都知道，中国的宣纸是很有名的，讲究写字绘画的人，都喜欢使用宣纸，直到现在，这种纸还是手工纸里的精品。宣纸采用檀树皮和稻草制成。它洁白细密，均匀柔软，质地坚韧，经久不变色，还有吸水力强的特点。早在唐朝时候，宣纸就已经是宣州的著名产品了。

从宋朝开始，竹纸的产量越来越大。长江以南气候温暖，竹子遍地，长势很快。所以，采用竹子做造纸原料以后，造纸业的发展就更快了。

明朝有个科学家叫宋应星，他写了一部《天工开物》，里面讲到制造竹纸的方法：先把竹子截断，剖成竹片，拌上石灰在水塘里浸泡，再取出煮烂，制成纸浆，用绷在木架上的竹帘子从纸浆面上荡过去。这样，竹帘上就留下一层纤维，把这层纤维揭下来烘干，就制成了纸。

用石灰等原料蒸煮纸浆，实际上已经是一种化学处理法，这说明当时人们已经掌握了一套相当完整的造纸方法了。

影响世界：造纸技术的传播

中国是发明造纸术、大量使用纸的国家。后来，纸传到了国外，接着造纸术也传到了别的国家。造纸术的传播，是中国人民对世界文化发展、社会进步的巨大贡献，因此，造纸术的发明与传播被公认为是影响世界文明进程的最伟大的发明之一。

中国生产的纸和造纸方法，最先传到了越南和朝鲜，然后又从朝鲜传到日本。

两汉交替之际，战火频仍，大批中国百姓为躲避战乱涌入朝鲜半岛。造纸技术随之传到了那里。

公元610年，隋炀帝时期的朝鲜僧人昙征把从中国学到的造纸和造墨方法传给了日本人。不久，日本也能大量造纸了。

到了公元751年，中国的造纸术向西传到了阿拉伯。那时候，阿拉伯有一个叫作大食的强大的国家，大食的疆域一度扩展到中亚细亚。唐玄宗天宝十年（公元751年），唐朝的安西节度使高仙芝带领军队和大食的军队打了一仗。结果，高仙芝被打败，好多唐朝的士兵被俘。这些士兵中有不少造纸工人，因此，中国的造纸方法也随之传到了大食。从此，大食开办造纸厂，大量生产纸，并且把纸出口到欧洲各国。当时欧洲各国所用的纸，都是阿拉伯人制造供应的。

公元9世纪以后，中国的造纸技术通过丝绸之路西传，传播到了中亚的一些国家，并通过贸易传播到了印度。以前，印度的宗教人士把经文刻写到一种树叶上，这样制作的经卷就是著名的"贝叶经"。自从纸张传入印度，印度也有了用纸书写、印刷的佛教经卷。

大约公元10世纪，造纸技术传到了叙利亚的大马士革、埃及的开罗和摩洛哥。在造纸术的传播过程中，阿拉伯人功不可没。

在纸张传到欧洲以前的很长一段时间，欧洲人把字写在石头、蜡板、纸草以及羊皮上。纸草一经折叠就会断裂，不容易保存。羊皮价钱很贵，抄写一部《圣经》，就要用三百多张羊皮。这种用羊皮抄成的书太贵了，一般人根本买不起。

阿拉伯人把纸输送到欧洲各国，欧洲人也就得到了方便、实用的书写材料。他们不再使用纸草和羊皮写字，开始高高兴兴地用起纸来。

公元 1150 年，阿拉伯人在西班牙设立了造纸厂。这样，中国的造纸方法就传到了西班牙。

这时候，已经是蔡伦发明造纸术一千多年之后的事情了！此后，纸又从那里陆续传到了欧洲其他各国。西班牙人移居墨西哥后，最先在美洲大陆建立了造纸厂，于是，造纸术又传到了美洲大陆。

就这样，中国的造纸方法传遍了全世界。各国人民都开始使用起纸张来，许多国家都能自己造纸，这进一步促进了纸张的普及与应用。造纸术的发明和传播，对世界科学技术的发展产生了深刻的影响，对社会的进步和人类文明的发展起到了至关重要的推进作用。

纸曾被视为奢侈品

在意大利的博物馆中，至今还保留着西西里国王罗杰一世在 1109 年书写下的一幅诏书，诏书所用的纸是阿拉伯人生产的，这在当时显得异常珍贵。在当时的欧洲，能够使用阿拉伯人制造的纸张被视为一种奢侈的行为。正是由于纸非常昂贵，那不勒斯和西西里的国王菲特烈二世曾下令禁止使用纸书写官方文件。

有名的高丽纸

公元 7 世纪末期，新罗王朝统一了朝鲜半岛。此后，新罗全面吸收唐文化，派遣了大批留学生到中国学习汉文化，造纸技术也在朝鲜的高丽王朝时期得到发展。出产自朝鲜半岛的"高丽纸"厚实挺括，适合书写各种文字，号称"中外第一"。中国著名书画家苏东坡、黄公望和董其昌等人，都十分喜爱使用"高丽纸"。

技术竞争与超越

很长一段时期内，欧洲人生产的纸张质量较为低劣。如何提升纸的质量呢？这一问题始终困扰着欧洲人。为了快速、根本地解决问题，法国财政大臣杜尔阁决定利用住在北京的宗教人士刺探中国的造纸技术。清朝乾隆年间，供职于清廷的法国画师、耶稣会教士蒋友仁将中国的造纸技术画成详图寄回了

巴黎。从此，中国先进的造纸技术在欧洲传播开来，大大促进了欧洲造纸技术水平的提高。

1797年，法国人尼古拉斯·路易斯·罗伯特成功地发明了用机器造纸的方法。从蔡伦时代起，中国人持续领先世界近两千年的造纸术被欧洲人超越，现代造纸生产从此进入了机械化时代。

现代造纸技术

现代的造纸生产早已经实现了机械化，造纸的程序可分为制浆、调制、抄造等主要步骤。

制浆

制浆是造纸的第一步，一般将木材转变成纸浆，方法有机械制浆法、化学制浆法和半化学制浆法三种。

调制

纸料的调制是造纸的一道重要工序，它关系到纸张制成后的强度、色调、印刷性的好坏、保存期的长短等指标。

抄造

抄造工序是让纸料均匀地交织并脱水，经过干燥、压光、卷纸、裁切、选别及包装等工序，完成纸的整个生产过程。

常见的流程有：

纸料的筛选

将调制过的纸料稀释成较低的浓度，通过筛选设备，筛除杂物及未解离的纤维束。

网部

使纸料在循环的铜丝网或塑料网上均匀地分布和交织。

压榨部

通过滚辘的压挤和毛布的吸水作用，将湿纸脱水，紧密纸质，改善纸面，增加强度。

干燥部

湿纸经过许多个内通热蒸汽的圆筒表面，使纸进一步干燥。

压光

通过压光机对纸进行处理，以提高纸的平滑度、光泽度和均匀性。

卷纸

把纸卷成筒状纸卷，以便下道工序的操作。

裁切、选别及包装

用裁纸机把卷好的纸裁成一张一张再经人工或机械剔除有破损或有污点

的纸张，最后将每五百张包成一包，通常称作"一令"。

如此复杂的工序，看着都叫人头疼，工作人员的实际生产过程就更辛苦了，所以，我们要珍惜工人的劳动成果，节约用纸！更重要的是，纸张的生产不仅要消耗树木、竹子等自然资源，造纸生产中的环境污染问题也不容忽视。

造纸工业的环境污染与危害

造纸业是一个产量大、用水多、污染严重的产业。对环境的污染主要有水污染、废气、固体废弃物及噪声污染等。

造纸产生的废水若未经处理而排入江河，废水中的有机物质会发酵、氧化、分解，消耗水里的氧气，使鱼类、贝类等水生生物因缺氧致死；一些细小的纤维悬浮在水中，可堵塞鱼鳃，造成鱼类死亡；废水中的树皮屑、木屑、草屑、腐草等沉入水底，淤塞河道，在缓慢发酵过程中，不断产生有毒臭气；废水中还有一些不易发酵、分解的物质，悬浮在水中，吸收光线，减少阳光透入河水，妨碍水生植物的光合作用；另外，造纸废水还带有一些致癌、致畸、致突变的有毒、有害

物质。总之，造纸废水可使河水变黑、恶臭，水草不生，鱼虾灭迹，蚊蝇滋生，严重威胁到沿岸居民的身体健康，更不利于农田浇灌和人畜饮水。

造纸产业排放的固体废弃物，如腐烂的浆料、废渣、树皮、碎木片、草根、煤灰渣等，占用场地，发酵变质，放出臭气。下雨时，还会流出有毒臭水，污染地面水和地下水源。造纸生产过程中，锅炉燃煤产生的废气和烟尘及机械的噪声也会影响到工作人员和周围居民的健康。

造纸产生的废水主要是蒸煮废液。废液的污染治理是目前中国造纸工业污染防治的重点和难点。对于废水，可先回收纤维，剩下的水经沉淀处理后再输送至前面的工序再利用。这样，既可节约资源，又可减少污染。

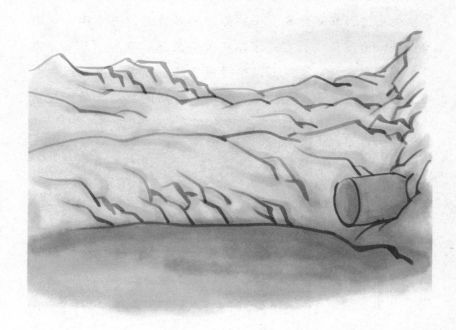

制浆过程中的蒸煮残液可回收热能和碱，通过碱回收装置将残液中的水分蒸发掉，然后送入碱回收炉内燃烧，产生的热能可用来产生蒸汽和热水，并送回生产环节中再利用。燃烧后剩下的物质加入水和石灰就得到碱，它们既可回到制浆过程的蒸煮工序中使用，还可作为副产品销售。

造纸废水处理应以提高循环用水率，减少用水量和废水排放量为宗旨，同时也应积极探索充分利用废水中有用资源的方法。如：浮选废水处理法可回收纤维性固体物质，澄清水可回用；燃烧废水处理法可回收碱及多种钠盐；中和废水处理法可调节废水 ph 值；化学沉淀法可脱色；湿式氧化法处理亚硫酸纸浆废水较为成功。此外，国内外也有采用反渗透、超过滤、电渗析等方法进行处理的。

固体废弃物则大部分可综合利用。煤渣可以筑路、制砖和用作出产水泥的原料等。锅炉废气可采用除尘脱硫装置，减少大气污染。

在环保理念日益普及的今天，普通民众的科学意识也在不断增强，国家技术监督部门更是积极监管造纸生产的各个重要环节，可持续发展的生产模式正在建立。众多污染严重、生产效率低下、以牺牲环境赚取微薄利润的小、散、乱企业被淘汰。以科学生产为指导、技术先进为基础的大型、高效、环保的企业正在承担着中国造纸生产的重任。我们深信，造纸污染的问题会越来越有效地得到解决。

庞大的纸家族

纸张的应用随着人类生活水平的提高越来越广泛，世界的各个角落都能发现纸的身影。可以毫不夸张地说，现代人类已经片刻都离不开纸了！

如今，世界上有五千多种纸，一些发达国家能生产约一千多种，中国约能生产七百多种。根据用途，纸大致可分为包装用纸、印刷用纸、工业用纸、办公及文化用纸、生活用纸和特种纸等类别。下面我们来了解一些常用的纸类。

包装用纸

主要有白板纸、白卡纸、牛皮纸、瓦楞纸、箱板纸、鸡皮纸、卷烟用纸、硅油纸、纸杯（袋）原纸、玻璃纸、防潮纸、透明纸、铝箔纸、商标、标签纸等。

印刷用纸

主要有铜版纸、新闻纸、轻涂纸、双胶纸、书写纸、字典纸、书刊纸等。

工业用纸

主要有碳素纸、绝缘纸、滤纸、试纸、电容器纸、无尘纸、浸渍纸、砂纸、防锈纸等。

办公及文化用纸

主要有描图纸、绘图纸、拷贝纸、艺术纸、复写纸、传真纸、打印纸、复印纸、相纸、宣纸、图画纸、水彩画纸、素描画纸、热敏纸、彩喷纸等。

生活用纸

主要有卫生纸、面巾纸、餐巾纸、厨用纸、香粉纸、擦镜纸、制鞋纸板、湿巾纸等。

特种纸

主要有装饰原纸、水纹纸、皮纹纸、金银卡纸、印钞纸等。

这么多纸，够说绕口令的了！科技在发展，人们的需求也在不断提高，社会大众的需要就是发明的动力，尽管纸的品种已经这么多了，相信纸家族的成员一定还会不断增加的！

面巾纸的发明

舒洁是世界上生活用纸知名品牌之一，属于美国金佰利公司。

金佰利公司在第一次世界大战中开始研发一种在毒气面具中使用的过滤材料。一次，研究人员发现，熨烫这种材料会使之变软，这一发现直接导致了舒洁面巾纸的开发。

起初，它是被当成擦除化妆品的纸巾来推销的，但销量一直不令人满意。到了 1930 年，公司经市场调研发现，许多人购买它并不是用来擦掉化妆品，而是把它当作一次性手绢来使用的。显然，如果把这一产品作为一次性手绢来推销将能够吸引更多的消费者。于是，公司开始了营销战略的转移，新的广告宣传在第一年就使产品的销售额翻了一番。从此，面巾纸的使用从时尚到普及，最终在世界范围广泛应用开来。

卫生纸巾的发明

让人不可思议的是，人类很多伟大的发明都是在无意中创造出来的，正所谓"无心插柳柳成荫"。但还有句话是"机会只垂青有准备的头脑"，卫生纸的发明即是如此。

20世纪初，美国的史古脱纸业公司买下一大批纸，在运送过程中，因纸面潮湿产生皱褶而无法使用了。面对仓库里堆积如山的废纸，公司里所有的人都不知该如何是好，大家急得像热锅上的蚂蚁。有人建议将纸退回给供应商以减少损失，这个建议获得了几乎所有人的赞同，唯有公司的负责人亚瑟·史古脱不这么想。他觉得，如果在纸上打出一排排的小洞，让整卷的纸变成容易一小块一小块撕下来的纸巾，将会很妙，这个想法令他兴奋异常。史古脱将这种纸命名为"桑尼"卫生纸巾，卖给火车站、饭店、学校等部门，放在厕

所中供人使用。果然，这些纸因为使用方便而大受欢迎，并慢慢普及到一般的家庭中。

史古脱将错就错，成功地将这批废皱褶纸改制成了"桑尼"卫生纸巾，为公司创下了销售奇迹，也为社会增加了一款新产品，改善了人们的生活。

眼花缭乱纸世界

　　有历史就有故事，故事往往充满神奇，关于纸的故事就丰富多彩。

世界上最贵的纸

　　曾经有国外的收藏家在深圳以两万美金求购一张纸，这张堪称"世界上最贵的纸"引起了世人的广泛关注。什么样的神奇纸张，让人如此以重金相求？

　　这是一张东巴纸，是中国纳西族人用东巴文记录经书的纸张，也是中国至今仍然在继续使用的最古老的

纸张品种。几百年过去了，书写在东巴纸上的东巴象形文字始终鲜艳如昨，述说着纳西族文化的悠久。

东巴纸的原料是构树皮，构树就是楮树。《中国造纸技术史稿》上记载："北京图书馆、中国历史博物馆等均藏有纳西族在明朝、清朝所造的纸写本。这种纸厚重而坚韧，无帘纹，原料是树皮纤维……经哑光后，可以双面书写。"这种纸的生产方法为东巴家传，目前只在中国云南省丽江和中甸的纳西族村落的部分东巴后代中流传。

东巴纸为古时东巴专用，其工艺为纯手工，而用这种纸记录的东巴文字，才是原汁原味、最富迷人魅力的。东巴纸在三百年前发明出来，源于自然，作为东巴文字的载体，古朴、深奥、神秘，与东巴文化一道绽放异彩，因此被誉为"世界上最贵的纸"应该是名副其实的。

原则		举			例			释意
象形	a	人	女	子	口	鼻	目	(手) 止(足)	人或人体全部
	b	马	虎	犬	象	鹿	羊	虫 龟	动物或旁像正像
	c	日	月	雨	(电)申	山	水	禾 木	自然物体符号
	d	壶	鬲	弓	矢	丝	册	卜 兆	人工器物符号

· 神奇的东巴文字

中国的"国纸"——宣纸

　　只要对中国文化有所了解的人，就一定听说过宣纸。这种中外闻名的名贵纸张，由于出产地在中国安徽省的宣城附近，被人们称为"宣纸"。

　　宣纸的生产已经有一千五百多年的历史了。这种纸洁白、细密、均匀、柔软，最能表现出中国书法和绘画的特点。由于宣纸不容易破碎、变色，防虫防蛀，百折不损，更耐久藏，故有"千年寿纸"的美称。也正因为如此，很多中国古代的字画经过了几百年甚至上千年，仍然保存至今，完好无损。

　　宣纸的种类繁多，根据配料的比例，可分为绵料、净皮、特净皮三大类；按厚度可分为单宣、夹宣、二层夹、三层夹等；按每张纸尺寸的大小，可分为四尺宣、五尺宣、八尺宣、丈二宣、丈六宣、轧花宣等，尺寸越大制作越难，大尺寸的宣纸多用于政府发榜或创

作大型书画；按纸纹可分为单丝路、双丝路、螺纹、龟纹等。

宣纸又分为生宣、熟宣和半生熟宣。生宣是直接从纸槽中抄出来并烘干，未经任何加工处理的原纸。生宣具有渗墨吸水等特点，非常适合创作写意画和行草书体。熟宣是在生宣上刷了一层矾水和拖骨胶。熟宣又称矾宣，渗墨和吸水性能不如生宣。用熟宣作画容易掌控，但也容易让作品显得光滑板滞。用生宣作画墨趣多，但渗透迅速，不易掌控。因此，画山水一般宜用半生熟宣纸。半生熟宣纸遇水慢慢化开，既有墨韵变化，又不过分渗透，皴、擦、点、染都易掌握，可以表现丰富的笔情墨趣。

·齐白石的《松柏高立图·篆书四言联》

宣纸是中国画的载体，中国画有着悠久的历史，承载着灿烂的文化，中国画的魅力正越来越被现代人认可、重视。纸以画贵，宣纸到底珍贵到什么程度呢？看看中国画的价值，你就知道了。

民间瑰宝——剪纸

剪纸，又叫刻纸、窗花或剪花，区别只在于，创作时，有的用剪子，有的用刻刀。虽然工具有别，但创作出来的艺术作品基本相同，人们统称其为"剪纸"，这是中国最具特色的民间传统装饰艺术之一。

2006 年 5 月 20 日，剪纸艺术经批准被列入第一批国家级非物质文化遗产名录，更增加了它在人们心目中的分量。

剪纸从色彩上分，有单色剪纸和套色剪纸。用一种颜色的纸剪刻出来的作品就叫单色剪纸，这是最常见的形式，这类作品朴素大方，但富于张力。套色剪纸则是用不同颜色的纸剪刻出来的作品，颜色艳丽丰富、形象生动。

剪纸艺术的历史，从纸一出现就开始了。汉代纸的发明促使了剪纸的出现、发展与普及。

唐代的剪纸艺术发展很快，杜甫的诗句"暖水濯我足，剪纸招我魂"就是对当时剪纸艺术颇为普及的写照。当时人们的剪纸艺术水平已颇高，作品构图完整，境界高远。

宋代造纸业的成熟、发展，促进了剪纸艺术的进步，产生了民间礼品的"礼花"、贴在窗上的"窗花"以及用于灯彩装饰的作品。宋代民间剪纸的应用范围逐渐扩大，江西吉州窑的陶瓷精美无比，重要原因就是将剪纸作为陶瓷的花样，经过

上釉，烧制成器。

到了剪纸艺术鼎盛的明、清时期，技法及创意更加成熟。民间剪纸的运用范围也更为广泛，民间灯彩上的花饰、扇面上的纹饰以及刺绣的花样等，都是以剪纸图样为装饰的。而人们更多的是将剪纸用于装饰家居，美化环境，窗花、柜花、喜花、棚顶花等装饰品用的都是剪纸。

近代的剪纸艺术更贴近人民群众的日常生活，在继承传统技艺的基础上，作品样式、品种更加多元化，主题更加鲜明，艺术水平更高，大多数作者更加重视追求题材新颖、创作自由、做工精细，使这一艺术品种达到了前所未有的繁荣程度。

为剪纸艺术做出重大贡献的是中国农村的妇女，她们大多喜爱剪纸。剪纸水平的高低最能反映妇女的聪明与灵巧。因此，女孩子从小就会学习这门手工技艺。她们向前辈或姐妹要来剪纸的花样，通过学习、临摹、研究，描绘自己熟悉而热爱的自然景物、鱼虫鸟兽、花草树木、风土人情等，可随手创作出栩栩如生的感人作品。

中国的剪纸艺术，以它特有的普及性、实用性和审美情趣成为了符合民众心理需求的珍贵艺术品，在艺术的百花园中吐露芬芳、欣欣向荣。

潮阳剪纸

潮阳剪纸是广东省汕头市潮阳区的民间艺术，也是国家级非物质文化遗产，被称为民间艺术的"一朵奇葩"，它不仅有中原文化的庄重古朴，也有南方海洋文化的秀丽灵动。其原生态的传统民间装饰图文、纯手工的制作使其饱受赞誉，曾有专家称赞它为中国剪纸艺术中的"珠穆朗玛峰"。

人们通常认为，最早的北方剪纸是为了避邪镇恶，而潮阳剪纸的起源则是为了祈福和美化生活。潮阳地处海滨，人们崇尚大自然，每到节日，反映乡土民俗文化的活动丰富多彩，潮阳剪纸也为节日活动增添了一抹喜庆、吉祥、欢乐的气息，深受群众喜爱。普通作品多"寿""福"，用于婚庆多"喜""囍"，配以蝴蝶双飞象征双喜双福，四朵莲花寓意"喜事连连"……四邻八乡、各家各户的作品各有千秋，在活动中竞相比试。剪纸的精美程度展现了潮阳女子的才艺水平及思想品位，竞争又促进了发展，这样的民风必然使得当地的剪纸艺术历久弥新，源远流长，而内容的创新、艺术形式的独特，又成为潮阳剪纸持续发展的动力。

·潮阳剪纸

安塞剪纸

安塞剪纸是世代相传的民间艺术，当地人把剪纸称为"古时花"。剪纸作为当地一种传统手工艺，其花样、技巧、手法仅限于母女之间代代相传。

安塞剪纸具有很高的观赏价值和收藏价值，被誉为"活化石"和"地上文物"。1993 年，陕西省安塞县被中国国家文化部命名为"中国剪纸之乡"。

在陕北地区，剪纸、绣花绝对是姑娘们的门面活儿。男方评价女子，"手巧"是一条重要的标准。看谁家女子是否聪明灵巧，只要看她的花剪得好不好就行了。

千百年来，当地人的生活始终离不了这种扎根于他们心

·安塞剪纸

中的纸艺术。逢年过节、家有喜庆，都是用剪纸来增光添彩的时机。过年时，谁家的窗户上没有窗花，便会被别人说成是"瞎眼窗"。为了避免被人瞧不起，即便是孤身老汉，也要向村里的巧媳妇讨要几张剪纸贴在窗上。人们靠这些色彩鲜艳的彩纸，把单调、贫苦的生活装点得光彩夺目，剪纸成了黄土高原上一道亮丽的风景！

　　"剪纸之乡"安塞早已声名远扬，安塞剪纸被一代又一代的劳动妇女传承下来，形成淳朴、庄重、简练的风格，反映出陕北劳动妇女淳朴的思想感情和对生活的热爱。安塞剪纸形式多样，内容丰富，大自然中的一切无所不包，似有一种内在的力量，传达着中华艺术深沉雄浑的内敛气质。

好吃不过"纸包鸡"

说到纸与吃有关，你可不要惊奇。这里就有一款美味，深得食客的喜爱。如果你也是美食达人，不妨依着我的介绍，尝试一下传统美食"纸包鸡"的制作。

"纸包鸡"是广西梧州的特色佳肴，传说是清光绪年间，梧州府台从桂林带来的一位名厨创制的。"纸包鸡"滑嫩顺口，府台请客，每用此菜，必能赢得宾客们的一片赞赏。于是，美味的"纸包鸡"声名远扬，受到海内外老饕的喜爱。多年来，经过厨师们在选料、配料及烹制方法上的不断改进，风味加更美妙。

讲到这儿，看客们的口水恐怕快要流出来了吧？想要一饱口福，就赶快看看下面的"制作攻略"吧。

将小母鸡去头、脚、翅膀，取出内脏，洗净。切成重约50克的小块，

在每块的一面轻轻划出梳子花刀。将玉扣纸裁成25厘米左右的方块20张，放入150℃的生油锅内略炸，捞出备用。将适量的酱油、糖、白酒、姜汁、味精、胡椒粉及五香粉放在一起，搅匀调成酱料。然后，将鸡块放入酱料内制十多分钟取出，每块抹上一点儿姜汁，用备用的玉扣纸包成长方块，要包严。锅上大火，下花生油，烧至180℃～200℃时，放入包好的鸡块炸制。注意不要炸焦，更不要流汁。炸至浮上油面时，即可捞出装盘，打开纸包即可食用。

 链接

玉扣纸

用嫩竹制造，质地良好，具有纤维细长，光滑柔韧，抗拉力强，不易起毛，均匀洁白，卫生无毒，书写易干，墨迹不褪，防蛀耐藏等特色，是绝佳的书画用纸。玉扣纸还可用以印制账簿，用毛笔在上面记账不能涂改，可以很好地保持商家信誉。

那些久远的"纸故事"

纸，记录了悠久的历史，传承着灿烂的文化。与纸相关的故事也同样曲折有趣，异彩纷呈。

洛阳纸贵

西晋太康年间，出了位很有名的文学家叫左思，他作了一部《三都赋》，在京城洛阳广为流传。人们啧啧称赞的同时，竞相传抄，由于大量用纸，纸的供应出现了短缺，纸价涨了好几倍，最后，竟然倾销一空。不少人只好跑到外地去买纸，来抄写这篇千古名赋。后来，人们用这个成语比喻作品为世人所重，风行一时，流传甚广。

纸上谈兵

战国时，赵国名将赵奢的儿子赵括，年轻时就读过不少兵书，常常在人们面前谈论作战用兵的理论，即使父亲赵奢也难不住他。很多人认为他很有才能，但是，他父亲却认为他夸夸其谈，只有理论，难以承担重任。

有一次，秦国进攻赵国。赵国大将廉颇采用了修筑壁垒、坚守不出的方法。后来，赵王中了秦国的反间计，听信了秦国散布的流言，以为廉颇年老懦弱，不能抵挡敌军，就改派赵括代替廉颇。赵括到了前线，死搬兵书理论，完全改变了

廉颇打持久战的计划。秦将白起一见，非常高兴，便用计先截断了赵军的运粮道路，然后把赵军团团包围。赵军粮绝，军心大乱。赵括企图突围，被秦军射杀，数十万赵军全军覆没。

后来，人们用这个成语指在纸面上空谈打仗，比喻那些空谈理论，不能解决实际问题的人。

纸醉金迷

唐昭宗时，有个医生叫孟斧，经常出入皇宫给皇帝治病，对宫中的情况很熟悉。后来，他到了四川，但他仍然十分羡慕帝王的奢侈生活和宫廷的豪华，生活中极力模仿宫廷生活，就连住所也仿效宫廷的装饰。他的住宅里有一个小房间，他把所有的家具都包上金箔，使满屋金碧辉煌，光彩夺目。他的一个好友见了，回去就对人说："只要在那个房间里稍坐一会儿，就能令人纸醉金迷。"

从此，人们就用"纸醉金迷"来比喻追求骄奢淫逸、腐朽糜烂的生活方式。

三纸无驴

《颜氏家训》中的《勉学》篇记载了这样一个有趣的故事。有一个迂腐的文人上街买了一头驴子，按当时的习惯，买家要给卖家写一份合同。他铺开白纸，得意扬扬地写了起来，足足写了三大张纸的废话还没写完。卖驴的人急了，催他快点儿，他却说："不急，不急，还没写到'驴'字呢。"

后人就用"三纸无驴"这个成语来讽刺废话连篇、不着边际的人。

"纸" "张" 传说

传说，蔡伦在朝里做官，正直、公道，敢于硬碰硬，不怕得罪人，很多人都怕他。要说对待百姓，他可是一个大好人，从不依仗权势欺侮别人，还经常微服私访，救贫济困。

那时，纸还没有发明出来，公文都写在竹简上，他每天办公要翻阅几百斤重的竹简，累得不行。由自己的辛苦，他想到了别人的辛苦。于是，他决心造出一种轻便、便宜、易于保存的写字材料。

说起来容易，做起来比登天还难。根本没影儿的事，从哪儿下手呢？他苦思冥想，仍没一点儿思路。尝试了很多方法，都没有明显的效果。

但他没有失望，仍然继续探索。他到底费了多少心血，谁也弄不清楚，只有他的好朋友张纸发现了一些异样的情况：他的话少了，总像是在凝神思考着什么。张纸很是担心，问他，他却只是一笑，什么都不说。

这年春天，张纸回家给父亲过七十大寿，蔡伦也跟去了。张纸的家很远，交通不便，山路难行。蔡伦这样不辞劳苦前来拜首，使张家父子深受感动。

这天，蔡伦独自一人走到村外一个水池旁边，看见一群小孩儿从池里掏出黏稠的浆状物，摊放在破席片上晾晒，还把晒干了的东西揭下来玩儿。他从小孩儿手里要来一些，仔细查看。看着看着，他拿上几片，便急匆匆地往回走。回到屋里，他急忙在薄片上写起字来，忽然，他大笑起来："我找到了！我找到了!"护卫们大吃一惊，以为蔡大人犯了什么病，急忙围过来打听。一问才知道，原来，蔡大人在为找到写字的好材料而高兴呢！众人刚放宽心，蔡伦又向外跑去。到了刚才的那个池子边，他仔细察看池子里的浆状物，看了很久，仍不得要领，便向村民打听。村民说这池子是一个死水潭，原先是饮牛的池子，后来，有人把脏东西扔进池子，人们嫌脏，便不再饮牛了。结果，大家都把烂鞋子、破袜子、碎绳头、烂麻片往里扔，时间长了，水变成了糨糊状。小孩们玩儿的那些晒干了的东西，大人也不知叫什么。蔡伦听罢，心中暗暗打定主意，他叫护卫把池子里的浆状物都弄出来，晒成很薄的片片，然后，他把这些片片裁成方块儿，带回了府中。

　　第二天，他上奏皇上，说最好的写字材料找到了，还把

带回的薄片呈给皇上看。皇上一试，觉得很好，立刻把他夸奖了一番并让他试制、推广。

他照村民的说法，把旧衣物放进自己挖好的池子，然后用水浸泡。不知怎么回事，好几个月也泡不成浆状物。他急得用棍子搅，用橡子捣，终于使池水变成了糨糊状。晾晒后，又得到不少薄片，他异常高兴。

为了纪念在张纸家乡的这一发现，蔡伦把这些薄片起名叫作"纸"，并把每一片纸叫"一张"。

从此，世上便有了纸张。

有趣的特殊纸张

铜版纸

一听这名字就叫人奇怪，这是像铜板一样结实的纸吗？当然不是。这种纸又叫涂料纸、粉纸，是在原纸上涂布一层由碳酸钙或白陶土与黏合剂配成的白色涂料，烘干、压光制成的高级印刷用纸。由于细腻洁白，平滑度和光泽度高，又具有适度的吸油性，非常适合铜版印刷或胶印，可印制彩色或单色的画报、图片、挂历、地图和书刊，也可作为包装印刷用纸。因为适用于铜板印刷，所以叫铜版纸。

牛皮纸

顾名思义，在很早以前，"牛皮纸"当真是用小牛的皮做的。当然，这种真正的"牛皮纸"，只有在做鼓面的时候才会用到。而我们现在包书用的牛皮纸，是人们用针叶树的木材纤维，经过化学方法制浆，打浆机打浆，再加入胶料、染料，最后在造纸机中制成的。由于这种纸的颜色为黄褐色，纸质坚韧，很像牛皮，所以人们叫它"牛皮纸"。

这种纸是耐水的包装用纸，用途很广，常用于制作纸袋、信封、唱片套、卷宗和砂纸等，有单面光、双面光和带条纹的区别，柔韧、结实而耐用。

玻璃纸

看到这个名字，你一定以为玻璃纸跟玻璃"沾亲带故"。其实，玻璃纸是以棉浆、木浆等天然纤维为原料，用胶黏法制成的薄膜，又叫透明纸，是像玻璃一样透明的高级包装、装饰用纸，可用于包裹糖果、食品、衬衫、化妆品以及其他

商品。除无色透明外，玻璃纸还可做成金黄、桃红、翠绿等多种颜色。玻璃纸具有不透气、不透油、柔软强韧、无色透明并有光泽、防潮、防锈等特点，但它稍有一点儿裂口就会开裂。由于它纵向强度较大，还可以制成纸绳。可惜的是，废玻璃纸不能回收利用。

羊皮纸

传统的羊皮纸以羊皮经石灰处理，剪去羊毛，再用浮石软化，便成了书写材料。羊皮纸是制作书本的珍贵材料。最好的羊皮纸称作犊皮纸，往往被用来抄写最重要的书籍。把羊皮订成小册子，称为"手抄本"；合订成册，就成了留传后世的羊皮典籍。

现代的羊皮纸又称工业羊皮纸、硫酸纸，是一种半透明的包装纸，主要供包装机器零件、仪表、化工药品等。制造羊皮纸的主要原料是化学木浆和破布浆。先把原料抄成纸页，再送入72%的浓硫酸槽内处理几分钟——这道工序的作用叫"羊皮化"。羊皮纸的特点是结构紧密、防油性强、防水、不透气、弹性好、强度高等。

再生纸

再生纸是一种以废纸为原料，经过分选、净化、打浆、抄造等十几道工序生产出来的纸张，它并不影响办公、学习的正常使用，由于表面光泽柔和，有利于保护视力，用这种纸印刷的书刊很适合儿童、青少年阅读。在全世界日益提倡环保思想的今天，使用再生纸是一个深得人心的举措。

在印制宣传品、样本等需要精致外观的产品时，人们往往在纸的表面敷上一层透明或半透明的塑料纸，以增加亮丽、典雅的效果。然而，由于这种"过塑纸"的塑料成分与纸浆成分难以分离，就不能再生使用了。

多可惜呀！看来我们要多宣传尽量不用"过塑纸"的道理。

糯米纸

糯米纸是一种可食性薄膜。透明，无味，厚度 $0.02\,mm \sim 0.025\,mm$，入口即化。它是由淀粉、明胶和少量卵磷脂混合、成膜、烘干制成的。糯米纸主要用于糖果、糕点或药品等的包装，有防潮作用。作内包装时，可以防止产品与外包装纸相粘连。

马粪纸

马粪纸名字不好听，其实它和马的粪便风马牛不相及。它的学名是"黄板纸"，是用稻草和麦秸等为原料做成的，由于它加工得比较粗糙，颜色泛黄，有点儿像马粪，所以人们就叫它"马粪纸"。

虽然名称让它"蒙冤"，但此纸不可貌相。在日常生活中，马粪纸主要用来包装、衬垫物品，还可以用来做手工，是小朋友的好伙伴。

环保大换算

1 吨废纸可以再生纸张 700 千克，相当于少砍伐 17 棵大树。1 千克纸能制成 25 本练习本，那么 1 吨废纸生产的纸张能再生多少本笔记本呢？

很简单，1 吨废纸可以生产纸张 700 千克，1 千克纸能制成 25 本练习本，所以 1 吨废纸生产的纸张能制成练习本为：700 × 25 = 17500（本）

1 吨废纸 = 700 千克纸 = 17 棵树 = 700 × 25 = 17500（本）练习本

制造 1 吨纸需要 17 棵树，如果 13 亿人每人浪费一张纸（150 张纸约重 500 克），大约会毁掉多少棵树？

答案是 73667 棵树。你来想一想是怎么算出来的吧！

最薄的纸

如果有人问你什么纸最薄，你就说是 17 克油封纸，准没错儿。这种纸又叫"拷贝纸"，每平方米重 17～20 克，一般是纯白色的，主要用于增值税票、礼品内包装。别看它薄，但很有韧性，在书籍装帧中用作保护美术作品，还非常美观。

尝试纸的制作

看了半天，你想不想亲自体会一下纸张的生产呢？做几张自己喜爱的专用纸，写几句发自肺腑的贴心话，寄给亲人、朋友，时尚、别致又温馨。

体验一：用废纸再生

材料：废纸、面粉或淀粉。

工具：电动搅拌器、水桶、大塑料盆、干布、玻璃棒、擀面杖、抄纸纱网。

步骤：

1. 用直径1毫米左右的铁丝弯成长方形框，大小如书本。套上一只废尼龙丝袜，使丝网绷紧，便做成了一个抄纸纱网。

2. 将废纸撕碎，放入水桶中，加水浸泡12小时。碎纸浸泡变软后，倒掉多余的水，将废纸放入电动搅拌器内，加入一点儿清水，搅成糊状纸浆。为了使做好的纸易于写字，在纸浆中加入少许淀粉或面粉，搅匀。

3. 把纸浆倒入大塑料盆内，加入水稀释。用抄纸纱网从纸浆表面轻轻抄出一薄层纸浆。在清洁的平面上放上干布，把这一薄层纸浆倒扣在干布上，再在纸浆上面放一块儿干布，用擀面杖轻轻地在上面擀压，以挤去纸浆中的水分。

4. 大约10分钟后，把脱水的纸浆轻轻揭起，放在光滑的平面上，待它完全干透，用剪刀把纸的四边修剪整齐，就成了一张再生纸。

体验二：多彩纸张DIY

1．搜集植物的叶子，切成2厘米左右的小块。将相当于叶子碎片重量五分之一的洗衣粉溶于水中，再将植物叶子放入，煮1个小时左右。用布包住煮好的植物叶子，用水冲洗干净。

2．把水拧干，用木棒敲打，将叶子捣碎。把捣碎的叶子与水搅匀，用抄纸纱网抄纸。将抄好的纸脱水后，放在阳光下晒干，一张植物纤维纸就做成了。

3．在再生纸浆中加入不同颜色的天然物质，如茶叶的叶片、栀子花的果实或橘子皮等，就能改变再生纸的颜色，制作出不同颜色的再生纸。

4．加入不同香味的天然物质，如迷迭香的叶子、七里香的果实或薰衣草的干花等，可以制作不同颜色、还会散发出天然香气的再生纸。

5．加入其他纤维，如丝瓜络、芹菜茎、星辰花花萼或是在抄好的湿纸浆上嵌入叶子，如甘薯叶、菩提树叶、枫叶等，纸干后，就能产生很特别的纹路，成为富有创意、带有花纹的再生纸。

印钞纸：各国防伪有绝招

大家知道，一国的货币非常重要，货币的发行、稳定，关系到整个国家经济、社会的稳定。假如这个国家的货币被大量伪造，一旦投入到流通当中，肯定会对这个国家的经济

造成严重的影响，甚至会破坏社会的稳定。所以，货币的防伪一直受到所有国家的高度重视。而印钞纸的防伪是货币防伪的重头戏，在这方面，各国政府更是下了大力气。

印钞纸属于专用纸，造纸所用的棉、麻等植物纤维原料都是从固定产区精选出来的。印钞纸表面清洁光滑、坚韧耐磨，长久使用纤维也不会松散、发毛和断裂。

不少国家在印钞纸的生产过程中加入包括水印、纤维丝、安全线等措施，以达到防伪的目的。

水印是纸张防伪的关键技术，这项沿用数百年的技术一直发挥着无可替代的作用，作为为数不多的可以伴随纸钞终生的防伪技术，水印堪称纸张防伪手段的"大哥大"。

由于防伪印刷方法之一就是使用荧光油墨，加入增白剂的纸张有可能影响到这种防伪效果，所以，采用荧光油墨防伪印刷的现代纸钞几乎全部使用不含任何增白剂的纸张。印钞纸本身在紫外线照射下无荧光反应，只有用荧光油墨印刷的图案才有荧光反应。伪造者因而不能使用加入增白剂的商业印刷纸张进行伪造，造假的难度就大大增加了。

此外，有的国家还在造纸过程中随机嵌入很多细小的彩点，以达到防复印、防扫描的目的，加拿大即使用此项技术进行纸钞防伪。

还有的国家在主要印制工艺结束后，增加某种特殊工艺，比如激光打孔与钢印等，典型的有瑞士、德国、荷兰等国，这些细小的环节，恰恰反映出印钞强国的与众不同之处。

法国的印钞纸可以用"超薄"来形容，厚度只有大多数国家印钞纸的二分之一，而且色泽洁白。这又薄又白的特点令人印象深刻，也相当容易辨认。法国纸张的这种独特性是由于在抄纸的过程中，必须采用法国阿列河的河水的缘故。

而日本印钞纸的两个特点也很明显，一是厚实——日元有着明显厚重的手感；另一个就是颜色呈现淡黄色，与绝大多数国家的印钞纸形成了明显的差异。日本的印钞纸采用日本特有物产"三桠皮浆"为原料，伪造者无法获得相应的原料和工艺技术，自然很难仿制出真钞，从而使鉴伪与防伪造变得简单了许多。

美元印钞纸中的亚麻、棉絮有严格的比例，在真伪测试中经常要用到检测纸张成分甚至是密度的专业仪器。

还有北欧诸国，也大多采用本国特有的优质纸浆，其印钞纸坚实而挺括，韧性非常强，这些都是印钞纸防伪的有效措施。

生活用纸刨根问底

形形色色的生活用纸

生活用纸是指人们日常生活中用到的各类纸产品，包括卫生纸、面巾纸、纸手帕、餐巾纸、擦手纸、厨房纸巾、化

妆用纸、湿纸巾、纸杯等。

面巾纸是人们使用越来越多的生活用纸，人们已经习惯了使用这种方便的、随手拿来即用的纸张。可是有的人经常会拿卫生纸当面巾纸使用。那么，面巾纸与卫生纸的区别是什么？它们到底能不能通用呢？

要说明白这个问题，得先说一个概念。纸张在完全润湿状态下的韧性指标，叫湿韧强度。面巾纸一般具有一定的湿韧强度，以保证使用时不易撕裂、破碎。卫生纸则不允许具有湿韧性，以防止在使用后因纸张不易分解而堵塞下水道、化粪池。因此，你千万不要把面巾纸丢到马桶里去，不然堵了下水道可就麻烦了。卫生纸主要在如厕后用于清洁，而面巾纸是用来擦脸、擦手的，相对细腻、柔软，使用起来更加舒适。

生活中经常发生一些糗事，让爱面子的人尴尬万分。你一定见到过有的人，特别是漂亮的小姐，在用纸巾擦完脸后，带着一脸碎纸屑说笑的情景吧？可以想象，当她照镜子看见自己漂亮的脸蛋上粘着这些纸屑时会有多难为情。

那么，为什么有的纸擦脸后，会掉下一些小纸屑呢？

通过前面的介绍，你已经知道了纸的制作原理，也一定知道了纸的结构。纸张是由各种纤维交织而成的，在吸收了一定的水分及进行擦拭摩擦后，纤维间的结构会被破坏，纤维断掉并松散开来，形成了一粒粒的小纸屑。质量较好的面巾纸具有一定的湿韧强度，在正常使用时就不会发生这种令人尴尬的现象。

有的人认为，顾名思义，卫生纸一定是非常卫生的，可以放心使用，甚至经常有人用卫生纸擦手、擦嘴。实际上，碰到这种情况，你绝对有必要进行提醒。

卫生纸是否卫生，与制造厂商使用的原料、设备、制造过程及生产环境密切相关。生活用纸的卫生指标在国家及行业标准中都有明确的规定。正规厂家只要严格执行国家规定进行生产，一般就不会造成污染。但"山寨"产品就难说了，一些小作坊的生产环境恶劣，生产设备简陋，操作野蛮原始，看着都让人不寒而栗。所以，使用正规厂家产品，才可以确保安全。

还有的人讲卫生、爱干净，选择纸张也爱挑白色的，以为越白越干净。其实，纸不一定越白越好。在不添加荧光增白剂的前提下，纸张越白越好。而有些纸是靠添加荧光增白剂来增加纸张白度的，有些荧光增白剂具有致癌成分，会对人体造成伤害。

生活用纸卫生吗？

有些厂家在宣传产品时，强调使用的是"原生木浆"。那么，什么是原生木浆呢？造纸的原料品种很多，浆料可分为木浆、草浆、蔗浆、棉浆、回收废纸浆等，木浆是指由木片蒸煮萃取纤维制成的纸浆。100%原生浆是指纯净的原生纤维，有别于回收的废纸浆。用原生木浆生产的纸，各项物理指标都比回收纸的好。要想进行鉴别，简单的方法是测试荧光反应，普通消费者可以使用验钞机。原生木浆纸没有蓝色荧光反应。

提到回收纸，又涉及另一个问题，有的厂家强调自己的产品使用的是回收纸，是非常环保的，好像回收纸成了"环保先锋"，真的是这样吗？

这可不一定。如果生产中相应的处理方式，如脱墨、漂白、洗浆、废水处理等未达标，不但会造成环境污染，其纸产品的残余化学药品也将威胁使用者的安全。因此，废纸的回收利用并不简单，其生产加工的各个环节，都要符合国家规定的安全标准。

这里出个小题目考考你。如果有一天妈妈买来一些厨房纸巾，非常高兴，很想炫耀一番。但是爸爸却阴沉着脸，一言不发。原来，爸爸是嫌妈妈放着好好的抹布不用，却用一次性的纸，太浪费了！这件事，让你评说的话，你会支持谁呢？

当然应该支持妈妈啦！厨房纸巾一般用于厨房、厨具、餐具及餐桌等的清洁。其优点是具有极佳的吸油性和吸水性，可免除因使用传统抹布滋生细菌、藏污纳垢的缺点。另外，抹布要经常清洗，既费事、废水，又费清洁剂，况且，清洁剂还可能造成水源的污染。所以，妈妈的决策是正确的！

爱美的女士喜欢选择印有漂亮图案的纸产品，可有的人说纸上的油墨有毒。这话对吗？——对也不对，要看是什么产品了。可靠厂家的产品在生活用纸上用于图案印刷的原料，采用对人体无毒无害的环保水性油墨，"三无产品"使用的印

刷原料几乎无任何保证，这样的印刷品十有八九有毒。因此要小心！

如今，家里接待客人都开始使用一次性纸杯了，因为这样既方便又卫生，最大的好处是用完以后不再用刷洗，让人觉得一身轻松。一次性纸杯安全吗？什么样的纸杯质量好呢？

一次性纸杯是用白板纸制作的。供冷冻食品使用的纸杯涂蜡，可盛装冰激凌、果酱和黄油等；供热饮使用的纸杯涂塑料，可耐90℃以上的温度，甚至可盛开水。正规厂家拥有质量安全生产许可证，生产的纸杯符合国家安全生产标准，使用起来既安全卫生又轻巧方便。但从环保角度来看，一次性纸杯浪费资源，我们还是提倡随身携带自己专用的杯子，既卫生又环保。在选购纸杯时，最好在灯下照一照，如果纸杯在荧光灯下呈现蓝色，则证明荧光剂超标，应选用不加荧光剂的纸杯。另外，杯子的硬度也很重要，杯壁厚实有硬度的质量好，不容易变形，更不易漏水。因为油墨可能对健康有害，杯子叠放，容易互相污染。所以，选择印刷图案少的，特别是杯口 5 厘米附近没有印刷图案的为好。还

要注意，我们平常使用的一次性纸杯一般分为冷饮杯和热饮杯两种，要区别使用，不能用错。另外，纸杯在使用前，最好先用开水烫泡五分钟倒掉，以便除去有害物质。最后，请注意纸杯尽量不要用微波炉加热，以免受热后析出有害物质或影响其物理性能。

叹为观止纸创意

生活中从来不乏令人惊叹的创意，人类的历史就是在不断创新、不断进步中向前发展的。你喜欢艺术创意吗？你有兴趣看看和纸有关的创意作品吗？

24 面体折纸

24 面体在自然界中广泛存在。金刚石、萤石和铜矿等矿物，都能以不完美的 24 面体形式存在，当然，这是非常珍贵和罕见的！然而，让人意想不到的是，这么复杂的造型，竟然可以用纸折成！

真假难辨纸昆虫

动物界中最兴旺发达的大家族非昆虫类莫属，现在已知的昆虫种类已达一百万种之多。折纸艺术自然少不了要表现这个家族的成员。

超精细的纸手枪

除了折纸，让人疯狂的还有纸模型。在众多纸模型当中，最让男孩子们雀跃的，莫过于手枪模型了，看着真叫人馋得慌呀！

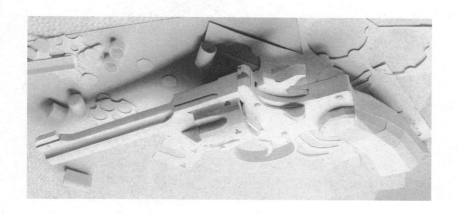

　　需要说明的是，此枪是二战时期英军的装备，枪长 26.2 厘米，高 13.5 厘米，厚 4 厘米，图中的纸模型与真枪比例为 1∶1，使用材料为普通复印纸、照相原纸、荷兰白卡纸、白色乳胶等。其制作精密度之高，令人叹为观止。几乎所有的活动部件都做出来了，连枪管里的膛线这样的细节都表现得以假乱真，不得不让人佩服前作者高超的技艺！

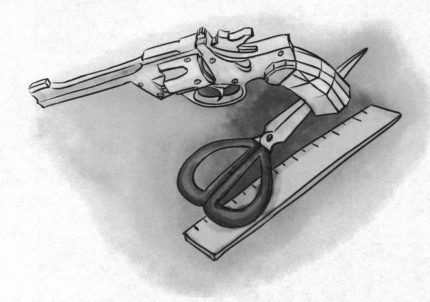

卷纸艺术品

　　整张的纸或者零散的废纸，都可以裁成细条，将细长的纸条一圈一圈地卷起来，就成为一个个小"零件"。然后将这些样式复杂、形状各异的"零件"组合起来，就可以进行精心创作啦。

纸筒创意

　　用过的卫生纸纸筒芯，很多人随手就扔掉了。然而，在创意达人的眼里，它们可是真正的宝贝。在这些小纸筒里，藏着万千世界、风雨乾坤。只要把设计理念用剪纸形象地表现出来，把它们粘入纸筒内，逆光观看，就成了变化莫测的各种场景。

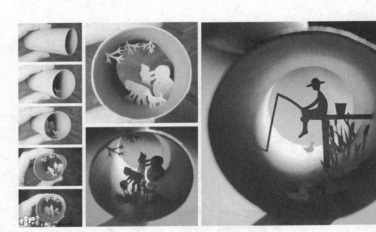

美丽的雪花剪纸

美丽的雪花剪纸是非常有特色的室内装饰品，而且很容易做。按图示，你能很容易剪出美丽的雪花，把它们粘贴成自己想要的图案，挂在墙上，你就立刻获得了一件高雅的艺术品！

无与伦比的奇幻纸艺

画家创作需用颜料、画布，农民生产需要种子、土地。而你，只要将自己的想法传递给手中的纸，那些无法用文字和语言表达的美，就能靠纸展示出来，这实在是不可思议。

通过一层一层纸的相互套叠，产生的效果令人惊叹，这简直就是无与伦比的纸雕塑啊！

这色彩，这造型，让人轻易就坠入了童话的世界……

以假乱真的纸模型场景

你以为这是电影海报吗？错！仔细看看，你会发现这其实是用纸做出来的纸模型场景，精细程度让人赞叹！比起前面提到的手枪这些模型场面更加开阔，构思也更巧妙。想想看，要有怎样的耐心和一双巧手才能制作出这些杰作？通过这样的手工锻炼，人的心境必将更加平和，成就感自然会多得让你飘飘然吧！

中国台湾的剪纸杰作

传统的剪纸作品早已不再新奇，但见识了中国台湾艺术家的剪纸杰作，你会不由地惊呼，原来剪纸还可以这样！

双鱼和羊头　剪好双鱼、水草、气泡后，又看到了一张脸！于是，羊角及羊耳朵就生出来了。

白色情人节　这件作品是作者一个人过白色情人节时剪给自己的，你也可以试着模仿一下啊。

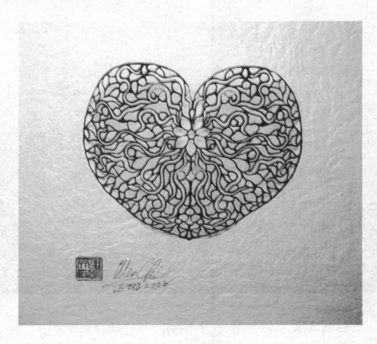

鹰 展翅的雄鹰，一双眼睛注视着你，给人想要与之对话的感觉，雄鹰能理解你的心声吗？

生命之花 花的根如同触手般向旁边的石砾攀爬延伸，

即使在贫瘠的石砾中，仍然能绽放出生命之花。

折纸花瓶

还是折纸！废旧挂历、书籍、广告纸，多为铜版纸印刷，其硬挺的纸质、丰富的色彩，是用来折纸的绝佳原料。下面的这个花瓶就是用折制技术制作的，既废物利用，又环保节能！

折纸贺卡

给自己心爱的人做一张表达深情的贺卡吧！当他们收到你的创意和爱心的时候，一定会非常快乐和幸福！

·草莓浇盖纸杯蛋糕，好香甜的感觉啊！　　·相信每位男性都会被你的魅力折服

折纸鞋子

"只有想不出来的，没有折不出来的。"折纸艺术家经常这么说。如今，时尚设计也介入折纸艺术了，漂亮的鞋子竟然也可信手拈来！

· 绿色的靴子蛮有新意

· 红色的高跟鞋颇具艺术感

· 神秘的粉色运用到鞋子上也不错

· 金色显示着地位和尊贵